Ming Kun Yew
Ming Chian Yew
Lip Huat Saw

Betão leve OPS reforçado com fibra de polipropileno

Ming Kun Yew
Ming Chian Yew
Lip Huat Saw

Betão leve OPS reforçado com fibra de polipropileno

Imprint

Any brand names and product names mentioned in this book are subject to trademark, brand or patent protection and are trademarks or registered trademarks of their respective holders. The use of brand names, product names, common names, trade names, product descriptions etc. even without a particular marking in this work is in no way to be construed to mean that such names may be regarded as unrestricted in respect of trademark and brand protection legislation and could thus be used by anyone.

Cover image: www.ingimage.com

This book is a translation from the original published under ISBN 978-3-659-69608-4.

Publisher:
Sciencia Scripts
is a trademark of
Dodo Books Indian Ocean Ltd. and OmniScriptum S.R.L publishing group

120 High Road, East Finchley, London, N2 9ED, United Kingdom
Str. Armeneasca 28/1, office 1, Chisinau MD-2012, Republic of Moldova, Europe
Printed at: see last page
ISBN: 978-620-7-85126-3

Melhoria das propriedades mecânicas e da durabilidade do betão leve de casca de óleo de palma tratada termicamente e reforçada com fibra de polipropileno de alto desempenho

Ming Kun Yew *.[a] , Ming Chian Yew[a] , Lip Huat Saw [a]

Siong Kang Lim[a] , Min Lee Lee[a] , Tan Ching Ng[a] , Jing Han Beh [a]

[a]*Faculdade de Engenharia e Ciências* Lee *Kong Chian, UTAR, 43000 Kajang, Malásia*

*Autor correspondente:

Ming Kun, Yew

Tel: +60 10 2208496.

Endereço de correio eletrónico: yewmk@utar.edu.my (M.K. Yew), yewmc@utar.edu.my (M.C.Yew), sawlh@utar.edu.my (L.H. Saw), limsk@utar.edu.my (S.K. Lim), leeml@utar.edu.my (M.L. Lee), ngtc@utar.edu.my (T.C. Ng), behjh@utar.edu.my (J.H. Beh)

ÍNDICE DE CONTEÚDOS:

Resumo

A casca de óleo de palma (OPS) é um recurso renovável obtido a partir de produtos finais sólidos agrícolas após a extração do óleo de palma. Foi investigado um estudo sobre a preparação de betão leve (LWC) utilizando com e sem agregado OPS tratado termicamente. A fibra de polipropileno de alto desempenho (PPTBF) foi incorporada neste OPSC em diferentes fracções de volume(V_f) (0, 0,25, 0,5, 0,75 e 1%). O desempenho do OPSC com e sem misturas de betão reforçado com fibras de OPS tratadas termicamente (OPSFRC) foi avaliado através da realização de uma série de ensaios exaustivos. Foram descritas as propriedades frescas e mecânicas destas misturas de betão, tais como o slump, o Vebe, a densidade, a resistência à compressão, a resistência à tração, o módulo de elasticidade (E) e o comportamento tensão-deformação. Foram efectuados ensaios de penetração rápida de cloretos (RCPT), de medição da porosidade, de absorção de água e de retração por secagem, com o objetivo de verificar os efeitos do OPSFRC tratado termicamente na durabilidade. A utilização de PPTBF induziu o benefício de reduzir a permeabilidade e a porosidade capilar e a absorção de água por efeito de bloqueio dos poros. Concluiu-se também que a quantidade ideal de PPTBF é de 0,5% V_f. Os resultados mostraram que a quantidade ideal de PPTBF aumentou a durabilidade do betão, reduzindo a difusão de cloretos e a porosidade. O PPTBF também melhorou a resistência à tração, à flexão e o valor (E), embora tenha uma redução marginal da resistência à compressão a 0,75 e 1% de V_f. Assim, as conclusões deste estudo são de importância primordial, uma vez que revelaram a novidade do tratamento térmico em OPSFRC com características aceitáveis de resistência e durabilidade que podem ser extremamente úteis para a construção sustentável na indústria do betão.

Palavras-chave: Agregado leve de betão; Fibra de polipropileno; Densidade; Resistência à compressão; Propriedades mecânicas; Casca de óleo de palma; Desempenho ambiental; Ensaio de penetração rápida de cloretos; Durabilidade

CAPÍTULO 1

1. Introdução

A tendência para a modernização da indústria da construção provocou um rápido crescimento e uma enorme procura de betão. A grande procura de betão resultou na sobre-exploração de depósitos de pedra natural, como o granito e a gravilha. Para além dos problemas ambientais, a sobre-exploração afectou gravemente a estabilidade da indústria da construção, causando um desequilíbrio ecológico. Por conseguinte, é necessário encontrar uma solução alternativa para substituir a utilização de agregados convencionais. Uma dessas alternativas são as cascas de óleo de palma (OPS), que são uma forma de resíduos sólidos agrícolas resultantes do processo de fabrico de óleo de palma. Os OPS tornar-se-ão um problema ambiental se não forem feitos esforços para os utilizar. Por conseguinte, a indústria de óleo de palma e as indústrias de betão devem utilizar os resíduos de óleo de palma disponíveis da melhor forma possível, a fim de resolver os problemas de eliminação de resíduos e criar produtos de valor acrescentado.

A palmeira oleaginosa é uma cultura arbórea importante que cresce em regiões onde a temperatura é quente, com florestas tropicais costeiras como a Malásia, a Indonésia e a Tailândia no Sudeste Asiático, a Nigéria em África, a Colômbia e o Equador na América do Sul e a Papua Nova Guiné na Oceânia [1]. A espécie de palmeira *Elaeis gumeensis Jacq* foi levada para a Malásia a partir do leste da Nigéria em 1961. Os mais conhecidos dos vários tipos de *Elaeis guineensis* são: *Dura, Tenera* e *Pisifera. Dura* é um homozigoto dominante com casca grossa, enquanto *pisifera* é um homozigoto recessivo sem casca. Um anel de fibras chamado "mesocarpo" envolve a amêndoa. *Dura* e *Pisifera* são cruzadas para produzir sementes híbridas *Tenera* [2]. Recentemente, Yew et al. [3] descobriram que a resistência à compressão para LWC usando *dura* OPS aumenta significativamente em comparação com *tenera* OPS, que foi de 21,8%. Neste estudo, o OPS *dura* é selecionado e utilizado como agregado grosso para produzir betão leve de elevada resistência.

A utilização de OPS como LWA na produção de betão leve com agregados (LWAC) tem sido um tópico de investigação desde o início de 1984 na Malásia por Abdullah [4], o betão leve estrutural (SLWC) tem sido utilizado há muitos anos, podendo dizer-se que o SLWC ou o betão leve com agregados de alta resistência (HSLWAC) é semelhante ao betão leve normal (NLC), exceto que a sua densidade é menor. A densidade do betão leve de alta resistência varia normalmente entre 1400 e 2000 kg/m^3 em comparação com a densidade de 2400 kg/m^3 do betão leve normal [5]. Normalmente, o betão leve com agregados de alta resistência (betão leve com agregados de alta resistência) tem níveis de resistência à compressão entre 34 e 69 MPa. O betão leve de alta resistência tem uma densidade seca ao ar inferior a 2000 kg/m^3 e uma relação água/cimento inferior a 0,45 [6]. A densidade das conchas está dentro do intervalo da maioria dos agregados leves e a gravidade específica das conchas varia entre 1,15 e 1,37 g/cm^3 [3]. Os resultados mostraram que a densidade

4

seca ao ar a 28 dias e a densidade seca em estufa do betão produzido a partir de agregados OPS são aproximadamente 16 e 20% inferiores às do betão normal, respetivamente [3],

Os betões, especialmente os betões leves, têm sido utilizados na construção e os seus benefícios incluem a redução das cargas mortas, a poupança nas fundações e no reforço, a melhoria das propriedades térmicas, a melhoria da resistência ao fogo, a poupança no transporte e manuseamento de unidades pré-fabricadas no local e a redução da cofragem e do escoramento. Atualmente, o betão com agregados leves pode ser produzido utilizando uma variedade de agregados leves. Os agregados leves podem ter origem em materiais naturais, como a pedra-pomes vulcânica; no tratamento térmico de matérias-primas naturais, como a argila, a ardósia ou o xisto; no fabrico de subprodutos industriais, como as cinzas volantes; ou no processamento de subprodutos industriais, como as escórias. Estes tipos de agregados leves disponíveis no mercado são obtidos através de um método de tratamento térmico muito elevado a 1000-1200 °C, o que resulta num custo elevado de combustível [7]. Por conseguinte, para alcançar um ambiente sustentável e poupar no custo global da construção, foram investigados muitos recursos de resíduos de origem vegetal como potenciais candidatos a agregados na produção de betão leve. Na Malásia, estima-se que sejam produzidas anualmente mais de 4,6 milhões de toneladas de OPS como materiais residuais [8]. Foi realizada investigação para utilizar e melhorar o valor económico dos resíduos de OPS através da produção de "blocos ocos de OPS" para paredes e de "betão de OPS" para fundações, lintéis e vigas, a fim de obter casas confortáveis e a preços acessíveis [9].

O OPS é uma substância orgânica na natureza, as suas propriedades podem degradar-se após um certo período de tempo por decomposição fúngica ou ataque de térmitas, a menos que seja aplicado um pré-tratamento nos agregados. Yew et al. [10] referiram que o método de tratamento térmico pode ser utilizado como uma nova alternativa ecológica em comparação com a impregnação química dos agregados de OPS [11]. Por conseguinte, o tratamento térmico pode ser utilizado como um meio para aumentar a resistência contra a deterioração por fungos e o ataque de insectos e, subsequentemente, melhorar as propriedades dos agregados de OPS em bruto e as propriedades do betão resultante. Recentemente, o OPS HSLWAC com uma resistência à compressão de 28 dias superior a 40 MPa e uma densidade de cerca de 2000 kg/m^3 foi produzido com sucesso em comparação com o LWAC de resistência normal [3,10,12,13]. Sabe-se que um aumento da resistência do betão resulta na fragilidade do betão durante a compressão e a tração [14], especificamente no caso do LWAC [15]. São muitas as vantagens da utilização de fibras descontínuas (aço, polipropileno e nylon) para ultrapassar tensões de tração e de corte potenciais elevadas no local crítico do elemento OPSLWC [16-19]. No entanto, a principal desvantagem da adição de fibras de aço ao OPSLWC no estado fresco é a sua redução significativa no valor do abatimento e o aumento da densidade [16]. Além disso, a adição de polipropileno e nylon aumentou de forma insignificante as propriedades mecânicas do

OPSC, particularmente a resistência à tração [17]. Até à data, não existem trabalhos experimentais que tentem melhorar as propriedades mecânicas e a durabilidade das OPSC, em particular através da incorporação de PPTBF estruturais nas OPSC tratadas termicamente sem atingir o limite de densidade do LWAC.

O primeiro objetivo deste trabalho é investigar as propriedades mecânicas do OPSC e do OPSFRC tratado termicamente que contém fibras em várias fracções de volume de 0, 0,25, 0,5, 0,75 e 1,0%. Foram comunicados os efeitos de várias V_f de PPTBF na resistência à compressão, resistência à tração, resistência à flexão, módulo de elasticidade e comportamento tensão-deformação. Uma vez que estes elementos de betão serão afectados pela exposição a várias condições meteorológicas e podem deteriorar-se sob esta exposição. Por conseguinte, na segunda parte do artigo, o desempenho em termos de durabilidade do OPSC e do OPSFRC tratado termicamente foi investigado através da retração por secagem, do ensaio de penetração rápida de cloretos (RCPT), da medição da porosidade e de ensaios de absorção de água. Como consequência, o OPSLWC terá uma elevada aceitação social pela prova.

CAPÍTULO 2

2. Materiais e métodos

2.1. Materiais

2.1.1 Cimento

O cimento utilizado na betoneira foi o cimento Portland normal (OPC) tipo 1, que cumpre a norma ASTM C150/C150M-12. O cimento foi fabricado pela Tasek Corporation Berhad e tem uma gravidade específica de 3,14 g/cm^3 . A área de superfície específica de Blaine para este cimento é de 3510 cm^2 /g. O teor de cimento para todas as misturas de betão foi mantido constante em 495 kg/m^3 .

2.1.2 Água e superplastificante (SP)

Foi utilizada água potável com um valor de pH de 6 tanto para a mistura como para a cura. Foi utilizado um rácio água/cimento de 0,30 para todas as misturas. O SP utilizado neste estudo foi o éter policarboxílico (PCE), fornecido pela BASF, e está em conformidade com a norma ASTM C494/C494M-13. O SP foi adicionado a todas as misturas numa quantidade fixa de 1,0% do peso do cimento, a fim de melhorar a trabalhabilidade do betão.

2.1.3 Agregado fino e grosso

Como agregados finos utilizou-se areia de mineração local fornecida pela Hanson Quarry Selangor, que tem uma gravidade específica, módulo de finura, absorção de água e tamanho máximo de grão de 2,68, 2,72, 0,97% e 4,75 mm, respetivamente. Os agregados finos foram secos ao ar livre antes de serem utilizados e a quantidade foi mantida fixa em 863 kg/m^3 para todas as misturas.

Yew et al. [3] relataram que os OPS duros aumentam significativamente a resistência à compressão do betão em comparação com os OPS *tenros*. Assim, os OPS *duros* foram utilizados como agregados grossos neste estudo, como se mostra na Fig. 1. Os OPS *duros* foram recolhidos de uma fábrica local de óleo de palma bruto. A espessura dos OPS utilizados neste estudo varia de 2,0 a 5,0 mm. Os OPS foram lavados e peneirados com uma peneira de 12,5 mm e os agregados retidos na peneira foram triturados com uma máquina de triturar pedra. Os agregados foram depois peneirados utilizando um peneiro de 9,5 mm para remover os agregados com um tamanho superior a 9,5 mm. Para investigar o efeito do agregado OPS na resistência à compressão do betão, foram retirados os agregados triturados com menos de 2,36 mm e só foram utilizados os que tinham um tamanho entre 2,36 e 9,5 mm. Yew et al. [3] relataram os benefícios da utilização de agregados OPS *duros* triturados em OPSC. Neste estudo, os agregados de OPS *dura* foram tratados termicamente a 60 °C durante um período de 0,5 h, utilizando um forno de laboratório com temperatura controlada. Yew et al. [10] descobriram que os agregados de OPS tratados termicamente melhoram a qualidade da superfície e a estabilidade dimensional da OPS. Isto melhora as propriedades da OPS sem comprometer a resistência da OPSC, como mostra a Fig. 2. Os OPS tratados termicamente serão rapidamente arrefecidos por imersão em água a 22 ± 2 °C. Os agregados foram subsequentemente secos ao ar no laboratório para atingir uma condição de superfície seca aproximadamente saturada. As propriedades físicas dos agregados de OPS *dura* tratados termicamente e não tratados termicamente são apresentadas na Tabela 1, enquanto a classificação dos agregados de OPS *dura* é apresentada na Tabela 2. É de notar que o teor de OPS em todas as misturas foi mantido fixo em 365 kg/m^3 .

Figura 1: Imagens (esquerda) e imagens microscópicas (direita) da superfície e do bordo quebrado da *dura-,* (a) original e (b) OPS esmagado.

Tabela 1: Comparação das propriedades físicas entre os agregados de OPS *duros* triturados tratados termicamente e sem tratamento térmico.

Physical property	OPS	OPS*
Maximum size (mm)	9.5	9.5
Specific gravity (saturated surface dry)	1.33	1.30
Fineness modulus	5.71	5.75
Compacted bulk density (kg/m³)	625	620
Water absorption (1 and 24 h) (%)	12.20 and 19.72	10.12 and 17.25
Aggregate crushing value (%)	2.38	2.25

* Tratada termicamente.

Figura 2: Imagens (esquerda) e imagens microscópicas (direita) da superfície de agregados de OPS *dura* triturados (a) com tratamento térmico e (b) sem tratamento térmico.

Tabela 2: Classificação dos agregados de OPS *dura* triturados.

Sieve size (mm)	Cumulative % by weight passing sieve size	
	OPS (9.5 mm)	OPS* (9.5 mm)
19.05	100	100
12.5	100	100
9.5	100	100
8	93.22	93.17
4.75	21.23	20.11
3.35	8.23	8.25
2.36	4.18	4.26

* Tratada termicamente.

2.1.4 Fibras

Uma fotografia das fibras de polipropileno torcido (PPTB) é apresentada na Figura 3 e as suas propriedades físicas são indicadas no Quadro 3.

Figura 3: Imagem de um feixe de fibras torcidas de polipropileno.

Tabela 3: Propriedades físicas da fibra de polipropileno em feixe torcido.

Parameter	Polypropylene twisted bundle
Length (mm)	35
Equivalent diameter (mm)	0.5
Aspect ratio (L/D)	70
Specific gravity (g/cm^3)	0.91
Tensile strength (MPa)	>560
Elastic modulus (MPa)	> 3500
Melting point (^{0}C)	160-170
Ignition temperature (^{0}C)	360
Water absorption (%)	0
Ultimate elongation (%)	15

2.2. Proporções da mistura

As proporções de todas as misturas de betão são apresentadas no Quadro 4. Foi também preparada uma mistura de OPSC de controlo sem tratamento térmico para efeitos de comparação. As variáveis investigadas incluem o HTOPS-FRC reforçado com cinco fibras em fracções volumétricas(V_f), ou seja, 0, 0,25, 0,5, 0,75 e 1%. Neste estudo, o teor de ar situou-se no intervalo de 4,0 - 5,2% e a redução da percentagem de teor de ar pode ser atribuída às dimensões maiores das formas irregulares do agregado OPS, que foi triturado para reduzir o índice de escamação, o que melhorou a compactação total.

Quadro 4: Proporção da mistura (kg/m^3).

Number	Mix	Cement	Water	W/C ratio	Sand	OPS		Fibre volume (%)
						HT	WHT	
1	Control	495	150	0.3	863	-	365	0
2	PPTB/0	495	150	0.3	863	365	-	0
3	PPTB/0.25	495	150	0.3	863	365	-	0.25
4	PPTB/0.5	495	150	0.3	863	365	-	0.5
5	PPTB/0.75	495	150	0.3	863	365	-	0.75
6	PPTB/1	495	150	0.3	863	365	-	1.0

Nota". HT = tratado termicamente, WHT = sem tratamento térmico.

2.3. Métodos de ensaio e regimes de cura

O procedimento utilizado para misturar o OPSC de controlo e o OPSFRC reforçado com OPS tratado termicamente é descrito nesta secção. Em primeiro lugar, a areia e o OPS foram vertidos numa betoneira e misturados a seco durante 1 minuto. O cimento foi então espalhado e misturado a seco durante 1 minuto, após o que a quantidade específica de fibras foi distribuída e misturada durante 3 minutos. A fim de evitar que as fibras se aglomerem na mistura de betão, todas as fibras devem ser primeiro misturadas com água e depois adicionadas à mistura. Seguiu-se a adição de água e superplastificante com um tempo de mistura de 5 min. Os ensaios de abatimento e de Vebe foram efectuados antes da moldagem das amostras. Os provetes de betão foram moldados em moldes de aço oleados com um cubo de 100 mm e foi utilizado um vibrador para eliminar as bolhas de ar na mistura. Os provetes foram desmoldados cerca de 24 horas após a moldagem e foram curados em água a 25 ± 2 °C até à idade do ensaio. Foi utilizada uma máquina de ensaios de compressão (Engineering Laboratory Equipment) com uma capacidade de carga de 3000 kN, funcionando a uma velocidade de 3,0 kN/s, de acordo com a norma BS EN 12390-4. Foram preparados 18 cubos (100 mm X 100 mm X 100 mm) para determinar a resistência à compressão de cada mistura de betão às idades de 7, 28, 90, 180 e 365 dias. Além disso, foram utilizados dois cilindros (diâmetro: 150 mm, altura: 300 mm), três cilindros (diâmetro: 100 mm, altura: 200 mm) e três prismas (100 mm X 100 mm X 500 mm) para determinar o módulo de elasticidade, a resistência à tração indireta e a resistência à flexão, respetivamente, no dia 28.

Para determinar a absorção de água de todas as misturas com uma idade de 28 dias, os provetes foram secos na estufa a 100 ± 5 °C para atingir uma massa constante e depois totalmente imersos em água a 22 ± 2 °C durante 72 h. Este ensaio é semelhante ao ensaio realizado por Teo et al. [20] e Shafigh et al. [12].

Para determinar o efeito do ambiente de cura na resistência à compressão aos 28 dias do OPSC de controlo e do HTOPS-FRC, os espécimes foram curados em três condições de cura, como se segue:

    (a) WC: Os espécimes foram imersos em água a 22 ± 3 °C após a desmoldagem até à idade de ensaio;

(b) 7W: Os espécimes foram curados em água durante seis dias após a desmoldagem e depois curados ao ar em ambiente laboratorial com uma humidade relativa de 70 ± 10% e uma temperatura de 30 ± 3 °C;

(c) AC: Os espécimes foram armazenados num ambiente de laboratório após a desmoldagem.

As medições da retração por secagem foram efectuadas de acordo com a norma ASTM: C157-75M-04. A alteração do comprimento do prisma 50 mm x 50 mm x 300 mm foi medida por um extensómetro de 285 mm. As medições foram efectuadas de dois em dois dias durante as primeiras duas semanas, depois todas as semanas durante 1 mês e todos os meses até 365 dias.

3. Resultados e discussão

3.1. Trabalhabilidade do betão fresco

A trabalhabilidade do betão determina a facilidade e a homogeneidade com que o betão pode ser misturado, colocado, consolidado e acabado. É um parâmetro que ajuda a compreender o comportamento do betão e a reconhecer os requisitos de trabalhabilidade no local. Neste estudo, foram realizados ensaios de abatimento e de Vebe para determinar a consistência do betão fresco. Os valores de abatimento e de Vebe do betão fresco de controlo OPSC e OPSFRC reforçado com tratamento térmico são apresentados na Fig. 4.

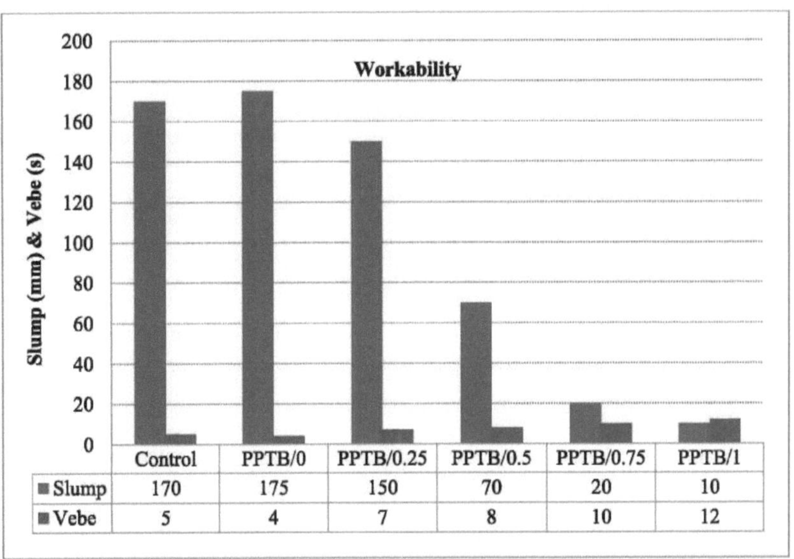

	Control	PPTB/0	PPTB/0.25	PPTB/0.5	PPTB/0.75	PPTB/1
Slump	170	175	150	70	20	10
Vebe	5	4	7	8	10	12

Figura 4: Ensaios de abatimento e Vebe para OPSC de controlo e HTOPS-FRC com diferentes % de fibras.

A trabalhabilidade das misturas de betão situa-se num intervalo de 10 - 175 mm e 4 - 12 s para o ensaio de abatimento e Vebe, respetivamente. Sabe-se que a utilização de fibras afecta intrinsecamente a trabalhabilidade e a fluidez do betão simples [3,10,21]. Foi referido que um valor de abatimento no intervalo de 50 - 75 mm para o LWAC é comparável a um valor de abatimento equivalente de 100 -125 mm para o NWC [22]. Neste estudo, as quantidades de água e de SP foram mantidas fixas para todas as misturas, a fim de avaliar os efeitos da fração volumétrica de fibras na trabalhabilidade do OPSC reforçado com OPS tratado termicamente. A partir da Fig. 4, pode ser visto que a trabalhabilidade do OPSC fresco reforçado com OPS tratado termicamente diminui devido a um aumento no conteúdo de PPTBF. No entanto, verifica-se que a trabalhabilidade da mistura PPTB/0 aumenta em cerca de 2,9% em comparação com o OPSC de controlo sem tratamento térmico.

Yew et al. [10] referiram que a trabalhabilidade do betão pode ser melhorada aumentando a temperatura e a duração do tratamento térmico dos agregados de OPS.

A inclusão de fibras numa fração volumétrica de 0, 0,25, 0,5, 0,75 e 1% reduz o valor do abatimento em aproximadamente 14, 60, 89 e 94%, e aumenta o valor do Vebe em 75, 100, 150 e 200%. A tendência decrescente do valor do abatimento e a tendência ascendente do valor do Vebe são atribuídas ao facto de a adição de fibras criar uma estrutura em rede no betão, o que, por sua vez, aumenta a viscosidade da mistura devido à segregação e ao fluxo. O atrito entre as partículas individuais do betão e o molde aumenta com a adição de fibras, devido ao elevado teor e à grande área de superfície das fibras, o que resulta numa ligação interfacial fibra-matriz mais forte. Além disso, o atrito interno aumenta com o teor de fibras e, por conseguinte, a quantidade de trabalho efectuado acabará por aumentar. Isto explica a baixa trabalhabilidade observada em fracções de volume de fibra mais elevadas. Pode verificar-se que as fibras absorverão mais da pasta de cimento para se "enrolarem" devido ao elevado teor e à grande área de superfície das fibras, e o aumento da viscosidade da mistura promove uma diminuição da trabalhabilidade [23],

Pode concluir-se que a inclusão de PPTBF acima de 0,5% V- reduz significativamente a trabalhabilidade do OPSC reforçado com OPS tratado termicamente. Para além disso, a geometria dos feixes de fibras PP torcidas tem um impacto na trabalhabilidade. Yap et al. [17] referiram que as fibras fibriladas produzem valores de abatimento mais elevados em comparação com as fibras multifilamentares, o que se deve principalmente à geometria das fibras.

3.2. Densidade

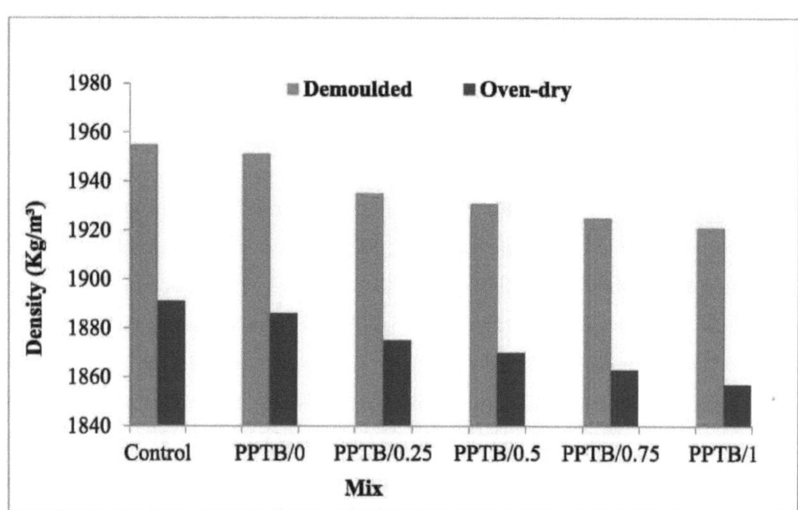

Figura 5: Variação das densidades desmoldadas e secas em estufa para o OPSC de controlo e o HTOPS-FRC.

Dois tipos de densidade, nomeadamente a densidade desmoldada (DD) e a densidade seca no forno (ODD), foram medidos para todas as misturas e os resultados são apresentados na Fig. 5. O betão leve estrutural (SLWC) é tipicamente definido como um betão com uma ODD inferior a 2000 kg/m³ [24]. Pode ver-se que as misturas de betão têm um ODD e DD dentro de um intervalo de 1857 - 1891 kg/m³ e 1921 - 1955 kg/m³ , respetivamente, que cumprem os requisitos do SLWC. O espécime PPTB/0 exibe uma ligeira redução no DD e ODD em relação ao valor do OPSC de controlo, cerca de 0,3%. Esta observação é atribuída à perda de peso do OPS devido à temperatura do tratamento térmico. Uma tendência semelhante foi também observada noutros estudos que observaram uma tendência semelhante ao secar a madeira a alta temperatura, o que se deve a uma diminuição da higroscopicidade do material de madeira [10,25,26]. Pode ver-se na Fig. 5 que existe uma tendência descendente na densidade dos espécimes HTOPS-FRC com o aumento do teor de fibras de 0,25 para 1,0%, o que é atribuído à baixa gravidade específica das fibras de PPTB. O DD e o ODD para os espécimes PPTB/0 a PPTB/1 reduzem ligeiramente dentro de um intervalo de 0,8 - 1,5% e 0,6 - 1,5%, respetivamente. Embora a adição de PPTBF de gravidade específica muito baixa ao HTOPS-FRC resulte numa alteração insignificante da densidade, a sua contribuição para a alteração da densidade não pode ser ignorada. As variações na densidade podem ser atribuídas à presença das partículas de PPTBF que tendem a deslocar a argamassa no betão, uma vez que o diâmetro do PPTBF é de 0,5 mm. Os valores de ODD do HTOPS-FRC estão de acordo com os valores registados em estudos anteriores [3,18]. Assumindo que a densidade do betão de peso normal é de 2300 kg/m³ , os valores de ODD e DD para todas as misturas de OPS reduzem a carga morta entre 18% e 24%.

3.3. Resistência à compressão

3.3.1 Cura húmida contínua

As medições da resistência à compressão para todas as misturas de betão sujeitas a cura húmida até 365 dias são apresentadas no Quadro 5. É notável que a resistência à compressão dos provetes OPSC e HTOPS-FRC de controlo aumenta com o aumento da idade de ensaio. O espécime OPSC de controlo tem uma resistência bastante constante entre 28 dias e 1 ano, como se mostra na Fig. 6. De acordo com Yew et al. [3], nem todos os tipos de espécies de OPS são adequados para serem utilizados como agregados na produção de HSLWC. Por esta razão, neste estudo foram seleccionados OPS *duros*. Yew et al. [10] também descobriram que a utilização de um método adequado de tratamento térmico nos agregados de OPS triturados melhora a qualidade da superfície do OPSC sem comprometer a sua resistência.

A Fig. 6 mostra a resistência à compressão do OPSC de controlo e do HTOPS-FRC reforçado com PPTB em cinco fracções de volume. Existe uma diferença notável entre o OPSC de controlo e o OPSC e OPSFRC contendo OPS PPTB/0 a PPTB/1 tratados termicamente. Existe uma tendência ascendente na resistência à compressão entre 7 dias e 365 dias para os espécimes PPTB/0, PPTB/0.25, PPTB/0.5, PPTB/0.75 e PPTB/1, enquanto que o espécime OPSC de controlo atinge uma resistência à compressão constante entre 28 dias e 365 dias. O aumento da fração volumétrica de PPTB V_f de 0 para 0,25, 0,5, 0,75 e 1,0% aumenta a resistência à compressão em cerca de 6,5, 11,5, 3,2 e 2,3% na idade de 28 dias. A resistência à compressão aumenta em aproximadamente 9,9, 13,1, 4,0 e 3,2 numa idade de 365 dias.

A melhoria da resistência à compressão é atribuída principalmente à interação entre as fibras e o avanço das fissuras. Há várias fases distintas envolvidas quando o betão é sujeito a uma carga de compressão crescente. Na primeira fase, as dobras de microfissuras desenvolvem-se aleatoriamente em todo o provete. Devido à heterogeneidade do provete, a pasta de cimento endurecida e os agregados OPS podem ter uma rigidez diferente. Isto leva ao desenvolvimento de tensões de tração locais e ao desenvolvimento de microfissuras. Quando a fissura que avança atinge a interface, as microfissuras unem-se, formando macrofissuras paralelas à direção da tensão aplicada, que bloqueiam a propagação da fissura. O embotamento, o bloqueio e o desvio da fenda permitem que a OPSC fibrosa resista a cargas de compressão adicionais, o que aumenta a sua resistência à compressão em comparação com a OPSC de controlo não fibrosa. Este processo é atribuído à capacidade das fibras para deter as fissuras ou ao efeito de ponte no betão [27-29]. No entanto, os resultados mostram que os espécimes PPTB/0,75 e PPTB/1 têm uma resistência à compressão mais baixa em comparação com os espécimes PPTB/0,25 e PPTB/0,5, o que indica que a adição de fibras acima de 0,5% não irá melhorar a resistência à compressão do betão. Este fenómeno pode ser atribuído à ocorrência de esferificação ou entupimento das fibras em fracções de volume mais elevadas de PPTB. A maior quantidade de fibras pode ter aumentado o número de poros, o que diminui a resistência à compressão.

Tabela 5: Desenvolvimento da resistência à compressão da OPSC de controlo e da HTOPS-FRC sob cura húmida contínua.

Mix	Compressive strength (MPa)				
	7d	28d	90d	180d	365d
Control	37.9 (0.5)	40.5 (0.3)	40.6 (0.4)	40.5 (0.5)	40.6 (0.3)
PPTB/0	38.3 (0.3)	41.5 (0.1)	42.7 (0.3)	43.1 (0.2)	43.1 (0.3)
PPTB/0.25	41.1 (0.4)	44.3 (0.3)	46.7 (0.5)	47.1 (0.2)	47.9 (0.4)
PPTB/0.5	42.6 (0.3)	46.3 (0.1)	48.3 (0.3)	48.6 (0.5)	49.1 (0.3)
PPTB/0.75	41.1 (0.6)	42.9 (0.5)	44.2 (0.5)	45.0 (0.6)	45.3 (0.5)
PPTB/1	41.1 (0.6)	42.5 (0.5)	43.8 (0.6)	44.6 (0.5)	45.0 (0.6)

Os dados entre parênteses são o desvio padrão (em MPa) da resistência à compressão correspondente.

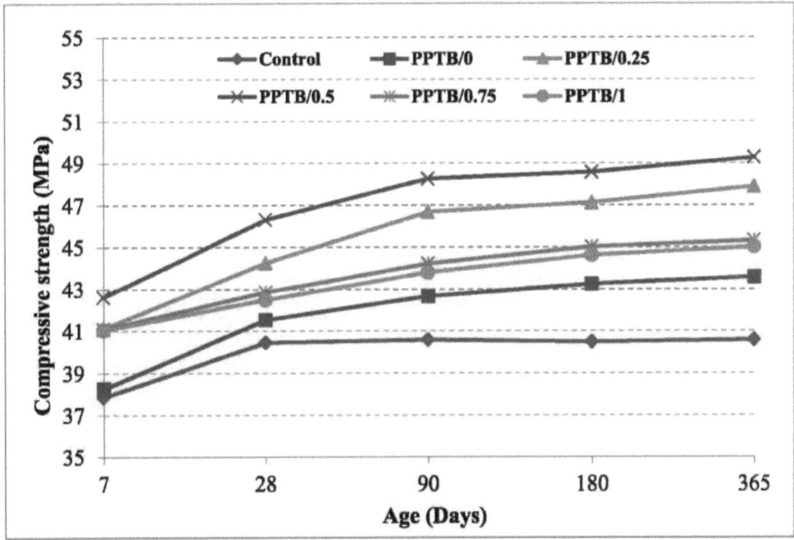

Figura 6: Evolução da resistência à compressão da OPSC de controlo e da HTOPS-FRC.

A vantagem da utilização de agregados *dura* OPS pode ser observada a partir da resistência à compressão das misturas.

A densidade do cimento para esta mistura é de 495 kg/m³ , o que dá uma resistência à compressão aos 28 dias de 40 MPa. Shafigh et al. [16] produziram um OPSC com uma resistência à compressão aos 28 dias de 39 MPa, utilizando um teor de cimento de 500 kg/m³ . Mo et al. [18] obtiveram uma resistência à compressão aos 28 dias de cerca de 37 MPa (OPS não triturado) e 43 MPa (OPS triturado) de OPSC utilizando um teor de 550 kg/m3 misturado com 10% de sílica de fumo como materiais cimentícios adicionais (ou seja, o material cimentício total é de 605 kg/m³).

Além disso, Alengaram et al. [30] produziram um OPSC de grau 30 utilizando um teor de cimento no intervalo de 504-564 kg/m³ misturado com 5% de cinzas volantes e 10% de sílica de fumo como materiais cimentícios adicionais (ou seja, o material cimentício total está no intervalo de 585-654 kg/m³).

Assim, a metodologia adoptada neste estudo produz OPSC com uma resistência à compressão significativamente superior à dos estudos anteriores e, mais importante, com um teor de cimento muito inferior. Isto permite uma poupança substancial de custos.

3.4. Efeito da condição de cura na resistência à compressão a 28 dias

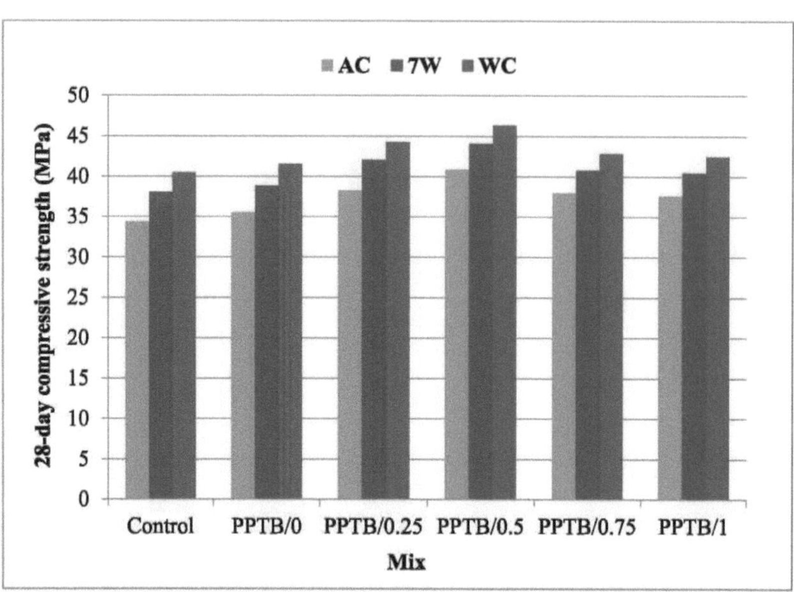

Figura 7: Efeito das condições de cura na resistência à compressão aos 28 dias de

A cura pode ser definida como um procedimento utilizado para promover a hidratação do cimento no betão recém-colocado. Em geral, a cura implica o controlo das perdas de humidade e dos efeitos da temperatura no betão durante as suas fases iniciais, de modo a atingir as propriedades desejadas [31]. Como regra geral, são necessários pelo menos sete dias de cura para o OPSC, uma vez que a maioria dos códigos de prática recomenda que seja necessária uma cura suficiente para obter um betão com maturidade equivalente [32]. A Fig. 7 mostra a resistência à compressão aos 28 dias dos provetes sujeitos a três condições de cura, nomeadamente a cura contínua (CC), a cura húmida durante 7 dias (7W) e a ausência de cura em ambiente laboratorial (AC). Pode verificar-se que a ordem de resistência do betão é WC > 7W > AC. A perda de resistência à compressão aos 28 dias dos espécimes de controlo, PPTB/0, PPTB/0,25, PPTB/0,5, PPTB/0,75 e PPTB/1 é de cerca de 15,3, 14,6, 13,5, 11,8, 11,4 e 11,3%, respetivamente. Em contraste, a perda da resistência à compressão aos 28 dias quando os espécimes são curados durante um curto período (7W) é de cerca de 7,0, 6,5, 5,0, 4,7, 4,6 e 4,5%, respetivamente. Isto indica que a adição de OPS com tratamento térmico, sem cura ou com cura parcial, resulta em OPSC com uma resistência à compressão ligeiramente mais elevada, de cerca de 4% e 3%, em comparação com OPS sem tratamento térmico, como se mostra na Fig. 7. O comportamento do HTOPS-FRC reforçado com fibras de PPTB até 0,75% em volume com cura parcial precoce é quase semelhante ao da amostra de OPSC de controlo. No entanto, o provete de HTOPS-FRC reforçado com mais de 0,75% de fibras de PPTB apresenta uma menor perda de resistência devido à falta de cura. Yew et al. [3] referiram que a resistência do OPSC parece ser sensível a uma cura deficiente. A sensibilidade das OPSC a uma cura deficiente pode ser reduzida através da utilização de OPS tratados termicamente e da incorporação de fibras de PPTB. Este fenómeno deve-se provavelmente ao maior teor de fibras de PPTB (particularmente a uma fração volumétrica de 1,0%) que impede o desenvolvimento e o número de fissuras de retração originais. Por conseguinte, pode deduzir-se que as fibras de PPTB reduzem a sensibilidade do OPSC a ambientes de cura deficientes. Este é um dos efeitos positivos da incorporação de fibras PPTBF no OPSC.

3.5 Comportamento   tensão-deformação

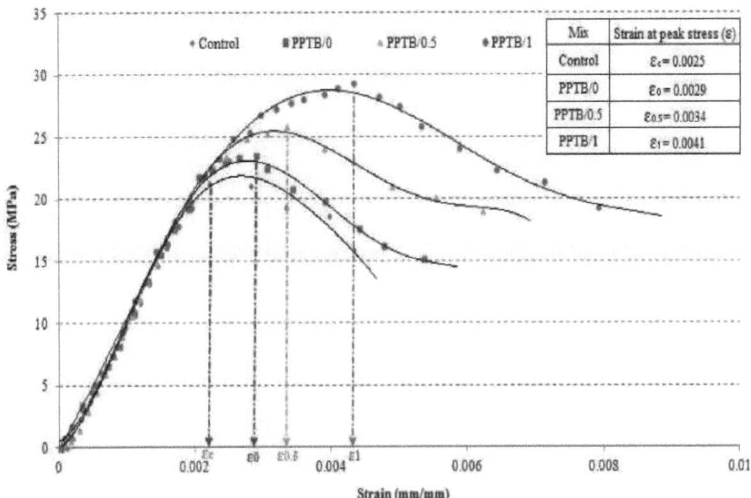

Mix	Strain at peak stress (ε)
Control	$\varepsilon_c = 0.0025$
PPTB/0	$\varepsilon_0 = 0.0029$
PPTB/0.5	$\varepsilon_{0.5} = 0.0034$
PPTB/1	$\varepsilon_1 = 0.0041$

Figura 8: Relação tensão-deformação típica da OPSC de controlo e da HTOPS-FRC.

As curvas tensão-deformação dos espécimes de controlo OPSC e HTOPS-FRC reforçados com 0, 0,5 e 1,0% de fibras PPTB sob cura húmida são apresentadas na Fig. 8. Existe uma relação parabólica entre a tensão (y) e a deformação (x) que é representada por $y = Ax^4 + Bx^3 + Cx^2 + Dx$ e existe uma forte correlação para cada curva.

Pode ver-se que o HTOPS-FRC reforçado com PPTBF apresenta uma deformação maior que corresponde ao pico de tensão. A deformação na tensão de pico (E) das misturas de betão de controlo, PPTB/0, PPTB/0,5 e PPTB/1 é de cerca de 0,0025 (23,1 MPa), 0,0029 (23,5 MPa), 0,0034 (25,8 MPa) e 0,0041 (29,4 MPa), respetivamente, como se mostra na Fig. 8. De acordo com Rossignolo et al. [33], a deformação no pico de tensão da CAF brasileira varia entre 0,0026 e 0,003, enquanto a deformação no pico de tensão se situa no intervalo de 0,0024 a 0,003 para a CAF de tufo vulcânico [34]. O valor E para a resistência normal NWC está dentro do intervalo de 0,0015 a 0,002 [35]. Isto mostra que a inclusão de PPTBF a 0, 0,5 e 1% no HTOPS-FRC aumenta significativamente o valor

E em cerca de 16, 36 e 64% em comparação com o OPSC de controlo. Shafigh et al. [16] referiram que, ao incorporar 1% de volume de fibra de aço, o valor E é superior ao das OPSC simples em cerca de 66% (L = 35 mm e rácio de aspeto = 60). É interessante notar que a inclusão de 1% de PPTBF no HTOPS-FRC dá um valor de deformação que é comparável ao OPSC com fibras de aço. A inclusão de PPTBF aumenta a capacidade de deformação do OPSFRC reforçado com OPS tratado termicamente, o que aumenta a área do diagrama tensão-deformação. Isto indica a elevada capacidade de absorção de energia do betão sob compressão. Foi referido que a adição de fibras de aço ao LWAC tem um efeito insignificante ou desprezável no segmento ascendente da relação tensão-deformação, enquanto que tem um efeito significativo no segmento descendente da relação [36,37]. É de notar que a inclusão de PPTBF transforma o HTOPS-FRC num material mais dúctil. Este fenómeno pode ser atribuído à detenção de fissuras pelas fibras de PPTB e, portanto, o betão pode ser sujeito a deformações muito grandes antes de um colapso completamente incontrolável. O comportamento é semelhante ao observado para o betão leve OPS reforçado com fibras de aço [16].

A Fig. 8 mostra que a deformação final (ε_u)destes betões é superior à do betão de peso normal. O valor de e_U para as misturas de betão de controlo, PPTB/0, PPTB/0,5 e PPTB/1 é aproximadamente 0,0045, 0,0054, 0,0062 e 0,0079. Para efeitos de projeto, o valor E_U para o betão de peso normal é considerado como 0,003 [38]. Os resultados obtidos para a mistura PPTB/1 e para os outros HTOPS-FRC implicam que a combinação dos agregados OPS tratados termicamente com fibras PPTB afecta significativamente a forma da curva tensão-deformação, particularmente a deformação no pico de tensão e a deformação no ponto de rutura.

3.6. Resistência à tração por rutura e resistência à flexão

Em geral, a resistência à tração por rutura da CAF pode ser consideravelmente inferior à do betão normal com a mesma resistência à compressão [38]. Por conseguinte, o betão reforçado com fibras e o betão polimérico foram desenvolvidos para melhorar a resistência à tração da CAF [39]. Wang et al. [40] referiram que o betão reforçado com fibras tem propriedades de tração superiores às do betão simples, em particular a ductilidade [41-43]. Foi referido que a inclusão de fibras de PP no betão com fracções volumétricas inferiores a 1% não aumenta significativamente a resistência à tração por compressão do CAOA areado, sendo o aumento máximo de apenas 25% [14, 44]. As propriedades mecânicas do OPSC de controlo e do HTOPS-FRC estão resumidas na Tabela 6. Pode ver-se que a adição de PPTBF aumenta tanto a resistência à tração como a resistência à flexão do HTOPS-FRC. A adição de fibras de PPTB em fracções de volume de 0,25 a 1,0% tem um efeito significativo tanto na resistência à tração como na resistência à flexão do OPSFRC reforçado com OPSC tratado termicamente. Este facto difere dos relatados por Yap et al. [17],

Quadro 6: Propriedades mecânicas da OPSC de controlo e da HTOPS-FRC

Mix	Mechanical properties		
	Splitting tensile strength (MPa)	Flexural strength (MPa)	Moduus of elasticity (GPa)
	28d		
Control	2.8 (0.08)	5.4 (0.19)	12.3 (0.41)
PPTB/0	3.2 (0.03)	5.6 (0.07)	13.7 (0.16)
PPTB/0.25	3.5 (0.07)	5.9 (0.10)	14.6 (0.35)
PPTB/0.5	3.9 (0.05)	6.3 (0.12)	15.2 (0.24)
PPTB/0.75	4.2 (0.10)	7.1 (0.14)	15.6 (0.36)
PPTB/1	4.9 (0.15)	7.4 (0.16)	15.9 (0.31)

Nota. Os desvios-padrão (em MPa) das propriedades mecânicas correspondentes são apresentados entre parêntesis.

Apesar de um ligeiro decréscimo na resistência à compressão para as misturas reforçadas com fibras acima de 0,5%, há um aumento na resistência à tração e à flexão das misturas PPTB/0 a PPTB/1 no intervalo de 11% - 54% e 6% - 32%, respetivamente, em relação à mistura de controlo. Yap et al. [17] referiram que o OPSFRC com uma ODD de cerca de 1800 kg/m^3 PP2/75 tem uma resistência à tração e à flexão de 3,01 e 4,54 MPa, respetivamente. Neste estudo, a mistura PPTB/0,75 tem uma resistência à tração e uma resistência à flexão de 4,18 e 7,36 MPa, respetivamente. A maior resistência à tração da mistura PPTB/0,75 pode ser atribuída à adição de PPTBF, que proporciona maior resistência à matriz de fibras que suporta parte da carga aplicada, bem como ao efeito de ponte de fendas, como se mostra na Fig. 9. Banthia e Gupta [45] referiram que a geometria da fibra fornece resistência adicional à matriz através da concentração de tensões na secção da fenda, o que melhora a resistência ao crescimento da fenda e, consequentemente, aumenta a resistência à tração do HTOPS-FRC. Yap et al. [17] propuseram uma equação que correlaciona a resistência à tração por rutura e a resistência à compressão do OPSFRC reforçado com fibras de PP e de nylon, como mostra a Eq. (1)

$$f_t = 0.52 \sqrt{f_{cu}} \tag{1}$$

Onde f_t e f_{cu} representam a resistência à tração por rutura e a resistência à compressão do cubo em MPa, respetivamente.

A Eq. (2) propõe uma nova equação que correlaciona a resistência à tração por rutura e a resistência à compressão do betão OPSFRC reforçado com OPS tratado termicamente. Esta equação pode ser utilizada para prever a resistência à tração por compressão do betão HTOPS reforçado com fibras de PPTB ± 10%. Shafigh et al. [46] referiram que uma previsão precisa da resistência à tração do betão é imperativa para mitigar os problemas de fissuração, minimizar a falha do betão em tração e aumentar a previsão da resistência ao corte.

$$f_t = 0.59\sqrt{f_{cu}} \tag{2}$$

Yap et al. [17] também propuseram uma equação que correlaciona a resistência à flexão com a resistência à compressão do betão OPSFRC reforçado com fibras de PP e nylon, como mostra a Eq. (3). Uma nova equação, a Eq. (4), é também proposta para o betão HTOPS reforçado com PPTBF, que prevê a resistência à flexão com uma margem de ± 10%.

$$f_r = 0.385\sqrt[3]{f_{cu}^2} \tag{3}$$

$$f_r = 0.52\sqrt[3]{f_{cu}^2} \tag{4}$$

em que f_r e f_{cu} representam a resistência à flexão e a resistência à compressão em MPa, respetivamente.

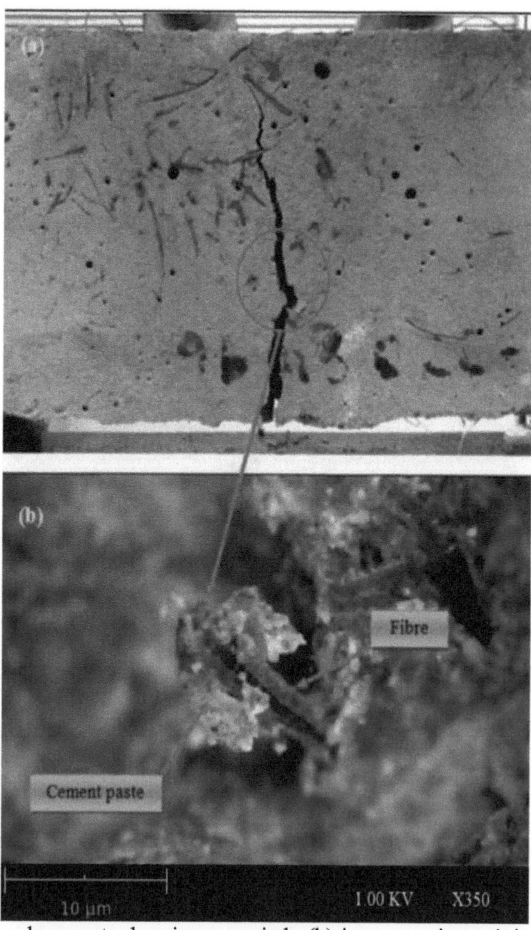

Figura 9: (a) Imagem do provete de prisma ensaiado (b) imagem microscópica da interface fibra-

matriz.

3.7. Módulo de elasticidade (MOE)

A Tabela 6 mostra os valores de MOE do OPSFRC reforçado com OPS tratado termicamente em fracções de volume de 0 a 1,0%. Os valores de MOE situam-se no intervalo de 13,68 - 15,89 GPa. O betão de controlo com OPS tem um MOE de 12,34 GPa. Os resultados indicam que há um aumento de 11% no MOE do OPSC reforçado com OPS tratado termicamente em comparação com o betão OPS de controlo sem tratamento térmico. É possível que o tratamento térmico aumente a estabilidade dimensional e a qualidade da superfície do OPS, o que melhora a adesão entre os agregados e a matriz de cimento. Os resultados também revelam que há um aumento no MOE de cerca de 5 - 11% para o OPSC reforçado com OPS tratado termicamente, em comparação com os valores obtidos para o PP e o nylon OPSFRC (12,37 - 15,23 GPa) relatados por Yap et al. [17]. A mistura PPTB/1 tem um MOE que é comparável ao OPSC reforçado com 0,5% de fibras de aço [17]. Neste estudo, verificou-se que o MOE do HTOPS-FRC depende do volume de fibras. A partir dos resultados, a principal vantagem das fibras PPTB/1 é evidente em termos do elevado MOE. Com base na discussão da Secção 3.3, a resistência à compressão das misturas PPTB/0,75 e PPTB/1 diminui com o aumento do volume de fibras. Este facto pode ser atribuído ao comprimento da fibra de PPTB (35 mm), ao teor de fibra e ao tamanho do provete de cubo (100 mm X100 mm X 100 mm). A fricção entre as partículas individuais do betão e o molde aumenta com um teor de fibras superior a 0,5% e o comprimento das fibras PPTB (35 mm) pode ter causado vazios que resultam numa diminuição da resistência à compressão. No entanto, deve notar-se que se deve considerar a utilização de um molde de maior dimensão quando se adicionam fibras de PPTB (L= 35 mm) acima de 0,5% em volume, de modo a evitar o esferovilhamento e o entupimento das fibras. A formação de bolas de fibra e o entupimento influenciarão a resistência à compressão, a resistência à tração e o MOE do OPSC. Stahli e Van Mier [47] referiram que a secção transversal mínima de um provete deve ser pelo menos três vezes o comprimento da maior fibra.

Foi referido que as propriedades mecânicas da OPSC reforçada com OPS triturada são superiores às da OPSC reforçada com OPSC com OPS não triturada [17]. Além disso, a combinação de sílica de fumo e fibras (PP e nylon) aumenta o MOE do OPSFRC em comparação com o OPSC com OPS triturado [46]. No entanto, neste estudo, a combinação de OPS triturado com fibras PPTB melhora apenas ligeiramente o MOE do OPSFRC em comparação com estudos anteriores [17, 47].

3.8 Desempenho de durabilidade

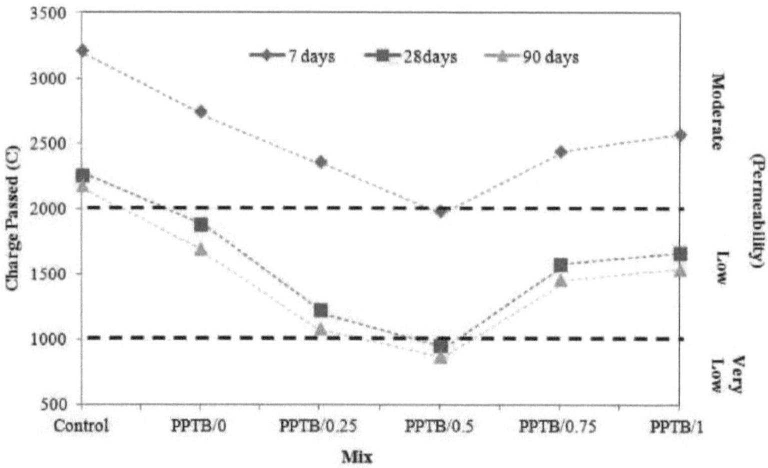

Figura 10: Efeito do tipo de betão e da idade na carga passada.

Os resultados da RCPT em espécimes curados com água durante 7 dias, 28 dias e 90 dias são ilustrados na Fig. 10. Pode ver-se que a carga total transferida entre as células de NaCI e NaOH com um potencial elétrico de 60 V em 6 h em todos os OPSFRC tratados termicamente é significativamente inferior à do OPSC sem tratamento térmico (CCD). Os resultados mostram que o OPSC tratado termicamente e reforçado com fibra de PPTB melhorou a resistência do betão à penetração de iões. Isto pode ser atribuído à redução da condutividade interna dos poros e a uma menor porosidade capilar, o que faz com que as barras de betão estejam mais protegidas contra a corrosão. De acordo com a classificação ASTM C1202 e o valor RCPT, todos os espécimes de OPSFRC tratados termicamente são classificados como de permeabilidade "baixa" e "muito baixa" aos 28 e 90 dias, respetivamente. Observa-se que o OPSFRC com uma fração volumétrica de 0,5% de fibras de PPTB atingiu 956 e 882 coulombs (C) aos 28 e 90 dias, respetivamente, o que é inferior a 1000 C, classificado como permeabilidade "muito baixa". Considerando que todas as misturas são classificadas como "moderadas" aos 7 dias, exceto a CD0.5 que atingiu 1988 C, considerada como permeabilidade "baixa". A partir dos resultados, pode notar-se que o aumento e a diminuição da carga passada juntamente com a quantidade de fibra podem estar relacionados com o aumento da porosidade com o aumento do teor de fibra, particularmente > 0,75%, o que pode causar uma menor resistência à penetração de iões do que a amostra com menor quantidade de fibra. No entanto, o OPSFRC tratado termicamente para CD0,75 e CD1 obteve uma passagem de carga mais baixa em comparação com o CDO. Assim, pode deduzir-se que o valor (C) medido para o OPSFRC tratado termicamente neste estudo se enquadra no intervalo de "baixa" e "muito baixa" penetrabilidade de iões cloreto aos 28 dias.

3.7.1 Medição da porosidade

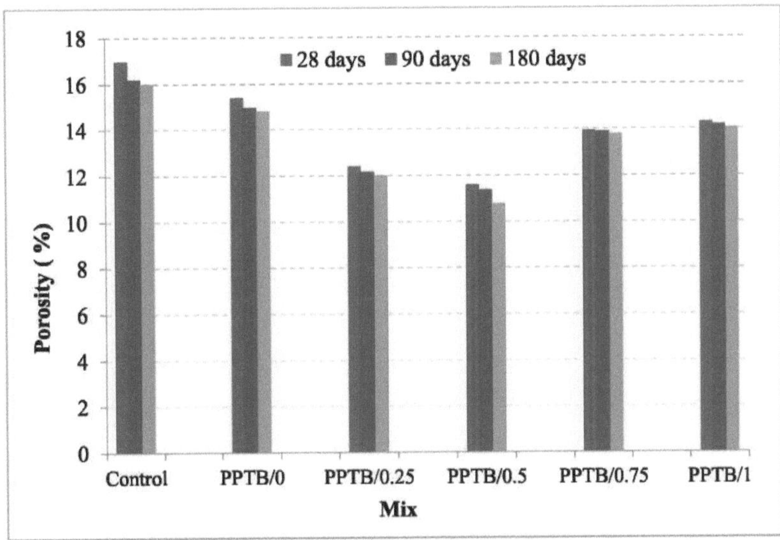

Figura 11: Efeito do tipo de betão na porosidade.

A porosidade é um dos principais parâmetros que influenciam a resistência e a durabilidade do betão. O ensaio de porosidade foi realizado para medir a porosidade dos provetes. A baixa porosidade pode estar relacionada com a baixa taxa de penetração de cloretos iónicos, o que resulta numa elevada durabilidade e atrasa a corrosão dos provetes. Os valores de porosidade medidos utilizando o aparelho de saturação de pressão para OPSC e OPSFRC tratado termicamente contendo 0%, 0,25%, 0,5%, 0,75% e 1% de volume de fibra PPTB aos 28 dias, 90 dias e 180 dias são apresentados na Fig. 11. Os resultados indicam que o OPSC tratado termicamente teve um efeito positivo na porosidade em comparação com o OPSC sem tratamento térmico em todas as idades investigadas. A redução da medição da porosidade para o CDO aos 28 dias, 90 dias e 180 dias foi de cerca de 9,4%, 7,6% e 7,7% em comparação com o CCD. Pode ver-se que a porosidade diminuiu com o aumento do teor de fibras de PPTB para CD0,25 e CDO.5, exceto para CD0,75 e CD1, o que pode dever-se ao aumento da porosidade com o aumento do teor de fibras > 0,75% para a gama global de valores de porosidade em todas as idades investigadas. De facto, a redução da porosidade de CD0.25 e CDO.5 deve-se provavelmente ao efeito de bloqueio dos poros e a uma menor porosidade capilar. Por conseguinte, pode provar-se que a tendência semelhante dos ensaios de durabilidade que foram efectuados neste estudo. Por conseguinte, os resultados aprovam a validade dos valores RCPT. Foi referido que o valor da porosidade do betão de resistência normal é de 17% para uma resistência à compressão inferior a 50 MPa [48]. Para o betão auto-consolidante de elevado desempenho, os valores de porosidade variam entre 6 e 14% [49]. Assim, é de notar que o valor de porosidade medido para o betão neste estudo se enquadra no intervalo dos resultados relatados.

3.7.2 Absorção de água

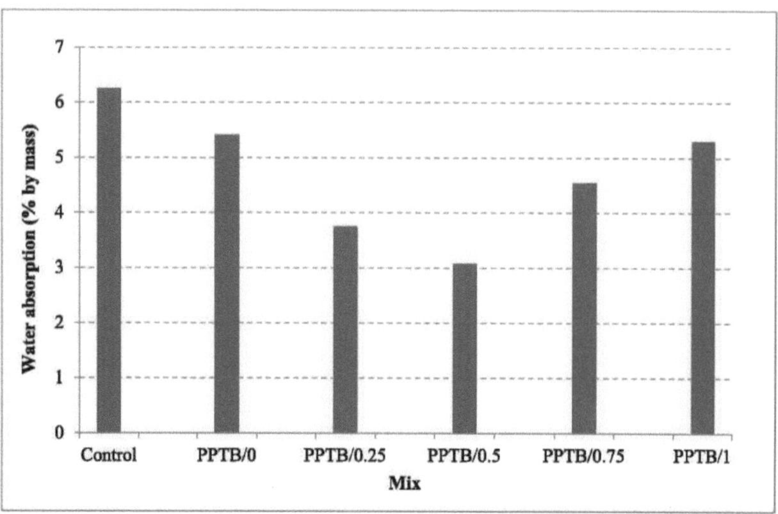

Figura 12: Absorção de água versus OPSC de controlo e HTOPS-FRC.

A Fig. 12 mostra a absorção de água para todas as misturas. Pode ver-se que o CCD sem OPS tratado termicamente teve o valor mais elevado de absorção de água, cerca de 6,25%, enquanto que o CD0.5 com OPSFRC tratado termicamente a 0,5% V_f de PPTBF obteve a absorção de água mais baixa, 3,08%. Além disso, pode ser observado que a absorção de água para OPSC tratado termicamente é menor em comparação com OPSC sem tratamento térmico em cerca de 13%. Isto pode ser devido ao baixo teor de humidade de equilíbrio no OPS quando a madeira seca é submetida a tratamento térmico [25]. Por conseguinte, os agregados de OPS tratados termicamente tendem a reduzir a absorção de água em comparação com os OPS sem tratamento térmico. Para além disso, a inclusão de PPTBF teve um efeito positivo na absorção de água, o que pode estar relacionado com o efeito de bloqueio dos poros das fibras, bem como com o facto de o PPTBF não absorver água. No entanto, a absorção de água do CD0.75 e do CD1 aumenta com a adição de PPTBF > 0.75% V_f Este fenómeno pode ser atribuído ao elevado V_f de PPTBF que causa o fenómeno de interbloqueio [50], resultando na formação de espaços vazios adequados à difusão de água. Foi referido que a maioria dos bons betões tem uma absorção de água inferior a 10% em peso [51]. Assim, pode deduzir-se que o valor de absorção de água medido para o OPSC e o OPSFRC tratado termicamente neste estudo se enquadra na gama de bons betões. Shafigh et al. [12] referiram que a absorção de água para OPSC de alta resistência (43 - 48 MPa) se situa no intervalo de 3,12 - 6,20%. Yew et al. [3] também referiram que, para o OPSC de alta resistência (40 - 54 MPa), a absorção de água se situa no intervalo de 3,04 - 6,30%. Para OPSC com resistência à compressão convencional (15 - 29 MPa), a absorção de água situou-se entre 10,64% e 11,23% [9].

3.7.3 Retração de secagem

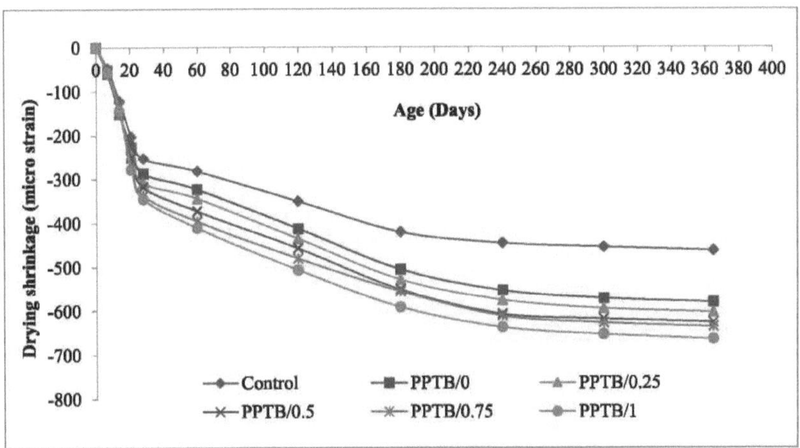

Figura 13: Retração por secagem da OPSC de controlo e da HTOPS-FRC.

A Fig. 13 mostra o desenvolvimento da retração por secagem do OPSC e do OPSFRC tratado termicamente contendo fração de volume de fibra PPTB a 0%, 0,25%, 0,5%, 0,75% e 1,0%. Como se pode observar, a curva de retração por secagem do OPSC tratado termicamente é mais elevada do que a do OPSC sem tratamento térmico em todas as idades. A partir da figura, a taxa crescente de retração por secagem de todas as misturas é tipicamente linear no primeiro mês. No entanto, a magnitude da retração parece estabilizar com o tempo. Pode ver-se que, após cerca de 180 dias de secagem contínua, os valores de retração da mistura CCD tendem a tornar-se constantes, com cerca de 400 micro deformações. Em contrapartida, o OPSFRC com 0% a 1% de fração volumétrica de fibra de PPTB continuou a encolher até cerca de 180 dias de secagem. A taxa de contração do OPSFRC tornou-se muito lenta após 180 dias de secagem contínua. O aumento médio do valor da retração por secagem do OPSC tratado termicamente é de cerca de 19,6% em comparação com o OPSC sem tratamento térmico em todas as idades. Para além disso, a adição de fibra com o aumento da quantidade de PPTB nas OPSC tratadas termicamente aumenta significativamente a retração por secagem. Com base nos 300 dias de secagem contínua, o CD1 alcançou a micro tensão mais elevada, cerca de 654. Além disso, o aumento médio do valor da contração por secagem do CD 1 é de cerca de 32,0% em comparação com o CCD em todas as idades. Este fenómeno pode ser atribuído ao facto de o tratamento térmico do OPS alterar as propriedades físicas do agregado, o que resulta numa melhor adesão entre a pasta de cimento e o OPS. Tem sido relatado que uma diminuição da higroscopicidade da madeira tende a reduzir a retração e o aumento da estabilidade dimensional pode ocorrer quando a madeira seca é submetida a tratamento térmico [26, 52], Além disso, uma vantagem pode ser obtida com a inclusão de fibras PPTB no OPSC tratado termicamente. Kayali et al. [54] referiram que o reforço do betão leve com uma fração volumétrica de fibras de PP (0,28%, 0,56% e 1,0%) parecia trazer benefícios na redução do valor da retração por secagem. Por outro lado, Roohollah et al. [55] também referiram que diferentes comprimentos (6 mm e 12 mm) e volumes de fibra (0,15% e 0,35%) com adição de teor de fibra pareciam resultar numa redução do valor da retração. Quando se forma uma fissura no betão reforçado com fibras, as fibras conferem uma resistência acrescida à matriz através do efeito de ponte de fissura, impedindo a sua abertura. Com a ação da retração, as fibras transmitem forças através da fissura. Se as cargas transmitidas pelas fibras forem muito pequenas, como acontece com os compósitos que contêm uma fração volumétrica baixa ou alta de fibras de PPTB, a segunda fenda não se formará porque a tensão de tração transmitida através da fenda é menor do que a resistência à tração da matriz. Isto implica que as fibras de PPTB também possuem a capacidade de reforçar os materiais cimentícios frágeis. Assim, os resultados da retração por secagem utilizando fibras de PP com uma elevada fração volumétrica, particularmente a 1%, são relatados noutras investigações e estão de acordo com os resultados obtidos neste estudo.

CAPÍTULO 4

4. Conclusão

Com base nos resultados experimentais deste estudo, podem ser tiradas as seguintes conclusões:

1) A trabalhabilidade do betão diminui com o aumento da fração volumétrica de PPTBF do HTOPS-FRC. A diminuição dos valores do abatimento e do Vebe situa-se no intervalo de 14 - 94% e 75 - 200%, respetivamente. No entanto, a diminuição do valor do abatimento é menor do que a das fibras PP fibriladas e multifilamentares com fracções de volume semelhantes.

2) A inclusão de PPTBF é mais benéfica do que as fibras de aço, uma vez que diminui de forma insignificante a densidade do betão, o que reduz o custo de construção. No entanto, a redução marginal da densidade contribuída pela adição de PPTBF não pode ser ignorada.

3) A resistência à compressão do OPSFRC reforçado com HTOPS aumenta com o aumento da fração volumétrica de PPTBF para todas as idades. No entanto, a adição de PPTBF a 0,75 e 1% V_f, diminui ligeiramente a resistência à compressão do OPSFRC. No entanto, o efeito do PPTBF na resistência é mais óbvio em idades mais avançadas, o que é atribuído à melhoria das ligações interfaciais da matriz de fibras.

4) A adição de PPTBF acima de 0,5% V_f tem um efeito positivo na perda de resistência à compressão em condições de não cura (AC). Por conseguinte, pode concluir-se que o PPTBF pode ser utilizado para reduzir a sensibilidade do OPSC em ambientes de cura deficiente.

5) A adição de PPTBF ao OPSFRC reforçado com HTOPS a 0,5 e 1,0% V_f aumenta a deformação no pico de tensão em cerca de 36 e 64% do que o OPSC sem tratamento térmico. Isto faz com que o OPSC se torne mais dúctil.

6) A inclusão de PPTBF aumenta significativamente a resistência à tração por rutura do betão. Ao incorporar quantidades crescentes de PPTBF de 0 a 1%, a resistência à tração por rutura aumenta num intervalo de 11 a 71% em relação ao OPSC de controlo sem tratamento térmico.

7) A inclusão de PPTBF aumenta a resistência à flexão do betão. Em média, a taxa de aumento é de cerca de 11% para a fração de volume de PPTBF inferior a 0,5%. No entanto, a taxa média de aumento é significativamente maior (cerca de 35%) em relação ao OPSC de controlo sem tratamento térmico para fracções de volume de PPTBF acima de 0,5%.

8) A adição de PPTBF tem um efeito positivo no módulo de elasticidade do HTOPS-FRC. Em média, o valor (E) das misturas medidas neste estudo é de cerca de 14,98 GPa, o que é comparável aos valores (E) registados em estudos anteriores.

9) Os resultados do ensaio RCPT esclarecem que a incorporação de PPTBF no OPSC tratado termicamente melhora a resistência do betão à penetração de iões, o que pode fazer com que o betão fique mais protegido contra a corrosão.

10) Em geral, o betão de alta resistência tem uma porosidade que varia entre 12 e 15%. Regista-se

que a porosidade do OPSC e do OPSFRC tratado termicamente se situa entre 11 e 17%. A adição de PPTBF teve um efeito positivo, que pode estar relacionado com o efeito de bloqueio dos poros do PPTBF.

11) A absorção de água do OPSC e do OPSFRC tratado termicamente varia entre 3,08 e 6,25% para todas as misturas, o que se enquadra na gama de bons betões.

12) Os resultados da retração do OPSC e do OPSFRC tratado termicamente até 365 dias indicaram que todas as misturas de betão reforçado com PPTBF apresentaram maior retração por secagem do que o OPSC sem tratamento térmico.

Reconhecimento

Os autores agradecem o apoio financeiro da Universiti Tunku Abdul Rahman ao abrigo do Fundo de Investigação Universiti Tunku Abdul Rahman (UTARRF), Projeto n.º IPSR/RMC/UTARRF/2016-C1/Y3. . Além disso, os autores gostariam de agradecer especialmente ao Sr. Yew See Hing pela recolha das espécies de agregados grosseiros de casca de palmeira, à Yew Engineering & Construction e à SWIT Sdn Bhd pelo fornecimento dos materiais para esta investigação.

Referências

1) Programa das Nações Unidas para o Ambiente (PNUA). Plantação de palma de óleo: Threats and opportunities for tropical ecosystems. www.unep.org/GEAS, 2011. [Acedido em 22 de junho de 2012],

2) Janssens P. Le palmier a huile au Congo Portugais et dans l'enclave de Cabinda. Descriptions des principales varieties de palmier (Elaeis guineensis) Bulletin Agricole du Congo Beige, 1927.

3) Yew MK, Mahmud H, Ang BC, Yew MC. Efeitos de espécies de agregados grosseiros de casca de palmeira de óleo em betão leve de alta resistência. *Sci World J* 2014: Artigo ID 387647:1-12.

4) Abdullah AA. Propriedades básicas de resistência do betão leve utilizando resíduos agrícolas como agregados. In Actas da Conferência Internacional sobre Habitação de Baixo Custo para Países em Desenvolvimento, Roorkee, Índia, 1984.

5) Shannag MJ. Características do betão leve contendo aditivos minerais. *Constr Build* Mater 2011 ;25: 658-662.

6) Hoff, G. C. Guide for the use of low-density concrete in civil works projects. US Army Corps of Engineers, Engineering Research and Development Center, ERDC/GSL TRINP-02-7, 2002.

7) Zhang MH, Gjorv OE. Características dos agregados leves para betão de alta resistência. *ACI*

Mater J1991;88:150-158.

8) Teo DCL, Mannan MA, Kurian VJ, Zakaria I. Comportamento à flexão de vigas de betão leve reforçado com OPS. In: 9th International conference on concrete engineering and technology, Malásia; 2006. 244-252.

9) Teo DCL, Mannan MA, Kurian VJ, Ganapathy C. Betão leve feito de casca de óleo de palma (OPS): Propriedades de ligação estrutural e durabilidade. *Build Environ* 2007;42:2614-2621.

10) Yew MK, Mahmud H, Ang BC, Yew MC. Efeitos do tratamento térmico em agregados grosseiros de casca de óleo de palma para betão leve de alta resistência. *Mater Des* 2014;54: 702-707.

11) Mannan MA, Alexander J, Ganapathy C, Teo DCL. Melhoria da qualidade da casca de óleo de palma (OPS) como agregado grosso em betão leve. *Build Environ* 2006;41:1239-1242.

12) Shafigh P, Jumaat MZ, Mahmud H, Alengaram UJ. Casca de óleo de palma como agregado leve para a produção de betão leve de alta resistência. *Constr BuildMater* 2011;25:1848-1853.

13) Shafigh P, Jumaat MZ, Mahmud H, Alengaram UJ. Um novo método de produção de betão leve com casca de óleo de palma de alta resistência. *Mater Des* 2011;32:4839-4843.

14) Chen B e Liu J. Contribuição das fibras híbridas para as propriedades do betão leve de alta resistência com boa trabalhabilidade. *Cem Concr Res* 2005;35:913-917.

15) Khaloo AR, Sharifian M. Experimental investigation of low to high-strength steel fiber reinforced lightweight concrete under pure torsion. *Asian J Civ Eng* (Build Hous) 2005:6;533-547.

16) Shafigh P, Jumaat MZ, Mahmud H. Efeito da fibra de aço nas propriedades mecânicas do betão leve com casca de óleo de palma. *Mater Des* 2011;32:3926-3932.

17) Yap SP, Alengaram UJ, Jumaat MZ. Melhoria das propriedades mecânicas em betão de casca de óleo de palma reforçado com polipropileno e fibra de nylon. *Mater Des* 2013;43:1034-1041.

18) Mo KH, Yap SP, Alengaram UJ, Jumaat MZ, Bu CH. Resistência ao impacto do betão de casca de óleo de palma reforçado com fibra híbrida. *Concr Build Mater* 2014;50;499-507.

19) Yap SP, Alengaram UJ, Jumaat MZ e Khaw KR. Características de torção e fissuração do betão leve de casca de óleo de palma reforçado com fibras de aço. *J Compos Mater* 2016; 50: 115-128.

20) Teo DCI, Mannan MA, Kurian VJ, Ganapathy C. Betão leve feito de casca de óleo de palma

(OPS): propriedades de ligação estrutural e durabilidade. Built Environ 2007;42:2614-2621.

21) Memon NA, Sumadi SR, Ramli M. Desempenho de uma argamassa de escória-cimento de elevada trabalhabilidade para ferrocimento. *Build Environ* 2007;42:2710-2717.

22) Mehta PK, Monteiro PJM. Concrete: microstructure, properties, and materials. 3ª ed. Nova Iorque: McGraw-Hill; 2006.

23) Yew MK, Othman I, Yew MC, Yeo SH, Mahmud H. Propriedades de resistência do betão híbrido de alta resistência reforçado com fibras de nylon-aço e polipropileno-aço a baixa fração de volume. Int J *Phys Sci* 2011;6:7584-7588.

24) Newman J, Owens P. Properties of lightweight concrete, Advanced concrete technology set. Oxford: Butterworth-Heinemann; 2003.

25) Stamm AJ, Hansen LA. Minimização do encolhimento e inchaço da madeira: efeito do aquecimento em vários gases. *Industrial and Engineering Chemistry Fundamentals* 1937; 29:831-833.

26) Fengel D. Sobre as alterações da madeira e dos seus componentes no intervalo de temperaturas até 200 °C - parte III: alterações estruturais térmicas e mecânicas em Sprucewood. Holz Roh-u., Werkstoff, 1966;24, 529-536.

27) Song PS, Hwang S, Sheu BC. Propriedades de resistência de betões reforçados com fibras de nylon e polipropileno. *Cem Concr Res* 2005;35:1546-1550.

28) Yew MK, Othman I. Propriedades mecânicas do betão híbrido de alta resistência reforçado com nylon-aço e fibra de aço a uma baixa fração de volume de fibra. *Advanced Materials Research* 2011;168:1704-1707.

29) Kakooei S, Akil HM, Jamshidi M, Rouhi J. Os efeitos das fibras de polipropileno nas propriedades das estruturas de betão armado. *Concr Build Mater* 2012;27:73- 77.

30) Alengaram UJ, Mahmud H, Jumaat MZ. Melhoria e previsão do módulo de elasticidade do betão de casca de palmiste. *Mater Des* 2011; 32: 2143-2148.

31) Comité ACI 308. Proposta de norma ACI: prática normalizada para a cura do betão. ACI *Concr Int* 1980;2:45-55.

32) Haque MN. Alguns betões necessitam de 7 dias de cura inicial. *ACI Con Int* 1990;12:42- 46.

33) Rossignolo JA, Agnesini MVC, Morais JA. Propriedades do CAAE de alto desempenho para estruturas pré-moldadas com agregados leves brasileiros. Cem Con *Comp* 2003;25:77-82.

34) Shannag MJ. Características do betão leve contendo aditivos minerais. *Constr Build Mater* 2011;25:658-662.

35) Akbar H. Projeto de estruturas de betão armado. Tópicos básicos, vol. 1. IramSimay Danesh Publ.;2008.

36) Duzgun, O. A., Gul, R., Aydin, A. C. (2005). Efeito das fibras de aço nas propriedades mecânicas do betão com agregados leves naturais. *Materials Letters,* 26, 523-530.

37) Libre NA, Shekarchi M, Mahoutian M, Soroushian P. Propriedades mecânicas do betão de agregados leves reforçado com fibras híbridas feito com pedra-pomes natural. *Constr Build Mater* 2011;25:2458-64.

38) Manual de conceção e tecnologia CEB/FIP. Greta Britain: Lightweight Aggregate Concrete. Primeira publicação; 1977.

39) Li, Z. Tecnologia avançada do betão. John Wiley & Sons; 2011.

40) Wang Youjiang, Li Victor C, Backer Stanley. Determinação experimental do comportamento à tração do betão reforçado com fibras. *ACIMater J* 1990;87:461-8.

41) Qian CX, Stroeven P. Desenvolvimento de betão híbrido reforçado com fibras de polipropileno e aço. *Cem Concr Res* 2000;30:63-69.

42) Banthia N, Nandakumar N. Crack growth resistance of hybrid fiber reinforced cement composites (Resistência ao crescimento de fendas de compósitos de cimento reforçado com fibras híbridas). *Cem Concr Compos* 2003;25:3-9.

43) Mazaheripour H, Ghanbarpour S, Mirmoradi SH, Hosseinpour I. O efeito das fibras de polipropileno nas propriedades do betão autocompactável leve fresco e endurecido. *Concr Build Mater* 2011;25:351-358.

44) Libre NA, Shekarchi M, Mahoutian M, Soroushian P. Propriedades mecânicas do betão de agregados leves reforçado com fibras híbridas feito com pedra-pomes natural. *Constr Build Mater* 2011;25:2458-64.

45) Banthia N, Gupta R. Influence of polypropylene fiber geometry on plastic shrinkage cracking in

concrete (Influência da geometria da fibra de polipropileno na fissuração por retração plástica do betão). *Cem Concr Res* 2006;36:1263-1237.

46) Shafigh P, Jumaat MZ, Mahmud H, Hamid NAA. Betão leve feito de casca de palmeira triturada: Resistência à tração e efeito da cura inicial na resistência à compressão. *Constr Build Mater* 2012;27, 252-258.

47) Stahli P, Van Mier JGM (2007). Fabrico, anisotropia das fibras e fratura do betão de fibras híbridas. *Eng Frac Mech 14,* 223-242.

48) Khan, M.I. (2007). Um novo método para medir a porosidade. Trabalho apresentado nas Actas da 7ª Conferência de Engenharia Saudita (SEC7).

49) Safiuddin, M., West, J.S., & Soudki, K.A. (2010). Propriedades endurecidas do betão auto-consolidante de alto desempenho incluindo cinza de casca de arroz. *Cement and Concrete Composites,* 32, 708-717.

50) Balaguru P, Slattum K. Test Methods for durability of polymeric fibers in concrete and UV light exposure (Métodos de ensaio para durabilidade de fibras poliméricas em betão e exposição à luz UV). Instituto Americano do Betão, Publicação Especial 1995;155:115-136.

51) Neville AM. Properties of concrete, (CTP-WP), Kuala Lumpur, Malásia, 14th edition, 2008.

52) Rapp AO. Review on Heat Treatments of Wood, COST ACTION E22 Environmental optimization of wood protection. In: Actas do Seminário Especial realizado em Antibes, França; 2001.

53) Berke NS, Dallaore MP. The effect of low addition rates of polypropylene fibers on plastic shrinkage cracking and mechanical properties of concrete, in: Fiber Reinforced Concrete Developments and Innovations, ACI SP-142, 1994:19-42.

54) Kayali O, Haque MN, Zhu B. Drying shrinkage of fiber reinforced lightweight aggregate concrete containing fly ash. Cem *Concr Res* 1999;29:1835-1840.

55) Roohollah B, Hamid RP, Sadeghi AH, Masoud L. Uma investigação sobre a adição de fibras de polipropileno para reforçar compósitos de cimento leves (LWC). J Eng *Fiber Fabr* 2012;7:13-21.

Legendas das figuras

Figure 1.   Imagens (esquerda) e imagens microscópicas (direita) da superfície e do bordo quebrado da *dura-,* (a) original e (b) OPS triturada

Tabelas

Printed by Books on Demand GmbH, Norderstedt / Germany